DE LA NATURE INTIME DE LA FIÈVRE TYPHOIDE.

DE LA NATURE INTIME

DE LA

FIÈVRE TYPHOÏDE

ET DE LA

PLACE QU'ELLE DOIT OCCUPER DANS LA NOSOLOGIE,

Par M. Rambaud,

DOCTEUR EN MÉDECINE,

Chef de clinique interne, membre titulaire de la Société de Médecine de Lyon,
membre correspondant des Sociétés de Médecine de Paris,
de Strasbourg, de Toulouse et de Bordeaux.

LYON.

IMPRIMERIE DE LOUIS PERRIN,

rue d'Amboise, 6, quartier des Célestins.

———

1851.

DE LA NATURE INTIME

DE LA

FIÈVRE TYPHOÏDE

ET DE LA

PLACE QU'ELLE DOIT OCCUPER DANS LA NOSOLOGIE.

Jamais aucune maladie ne fut peut-être l'objet d'autant de recherches, le sujet d'autant de livres et de mémoires que la fièvre typhoïde, et cependant, chose singulière à avouer! on n'est pas encore d'accord sur l'individualité morbide à laquelle doit s'appliquer exclusivement cette dénomination. Les uns, fidèles à l'étymologie du mot, ne voient de fièvre typhoïde que là où il y a prostration et stupeur, et, pour comprendre toutes les affections où se rencontrent ces deux caractères, établissent plusieurs variétés au point de vue anatomique. Les autres, sans se préoccuper des symptômes dynamiques qui marquent le cours de la maladie, réservent exclusivement cette dé-nomination à l'affection caractérisée anatomiquement par l'altération, dite dothinentérique, des follicules de la muqueuse intestinale et par le gonflement et le ramollis-

sement des glandes lymphatiques du mésentère. Cette
confusion fâcheuse, suite de la précipitation qu'on a
mise à créer le mot avant d'avoir déterminé le sujet au-
quel il devait s'appliquer, n'a pas peu contribué à aug-
menter l'obscurité de cette question restée si longtemps
à l'ordre du jour du monde médical. Pour éviter cet
écueil et prévenir des objections qu'autoriserait dès le
début cette confusion de langage, je dois donc commen-
cer par une sorte de profession de foi et dire que ces recherches s'adressent exclusivement à l'individualité morbide caractérisée anatomiquement par le gonflement et
l'ulcération des follicules de Peyer et de Brunner et par
le ramollissement des ganglions mésentériques. Si ce caractère anatomique ne comprend pas toutes les variétés
de la fièvre typhoïde, au moins est-il certain qu'il en distingue une que tout le monde accepte et sur laquelle il
n'y a pas de contestation possible. Actuellement qu'il ne
s'agit que d'indiquer catégoriquement l'objet de mon travail, je n'ai pas à m'expliquer sur ce choix que quelques-
uns trouveront peut-être arbitraire et exclusif; mais
qu'on l'accepte provisoirement et comme signe de rallie-
ment, peut-être trouvera-t-il plus tard sa justification
dans les développements qui vont suivre.

Presque toutes les maladies fébriles, quels que soient
leur siége et leur nature, se ressemblent au début: la cé-
phalalgie, la courbature, le malaise général qui en signa-
lent indistinctement les premiers progrès, marquent l'apparition du mouvement fébrile qui appartient à toutes,
et ne laissent rien préjuger de ce qui va suivre. Ce n'est
bien souvent qu'après deux ou trois jours que l'affection
se localise s'il y a lieu, et qu'elle montre sa vraie nature.
Pour apprécier la véritable et complète signification de
la symptomatologie d'une affection fébrile, pour appuyer

sur une base solide et légitime la notion que nous devons nous faire de sa nature, il faut donc la prendre et l'envisager dans sa période d'état, au moment du développement normal et complet de tous ses symptômes.

Etudiée à ce moment, la fièvre typhoïde présente un type parfait d'affection fébrile généralisée; les troubles généraux du début, perpétués et aggravés par la marche ascendante du mal, ne laissent plus alors une seule fonction intacte : l'innervation, la respiration, la circulation, les sécrétions de toute espèce, sont toutes modifiées ou perverties.

Les malades, plongés dans l'abattement et la stupeur, ont perdu toute intelligence et toute conscience d'eux-mêmes et du monde extérieur; en proie à un délire stupide, l'esprit alourdi et voilé, ils répondent à peine et d'un air hébété aux questions les plus simples; leur faiblesse les condamne au décubitus dorsal, et leur insensibilité leur enlève toute conscience de leurs besoins et de leurs maux; ils ne sentent et ne connaissent plus rien ni personne, et, par l'obtusion de leurs sens et l'affaissement de leurs facultés affectives et sensitives, ils semblent réduits à la vie organique.

La respiration, modifiée déjà par la faiblesse générale qui borne les mouvements d'ampliation de la poitrine, se trouve, en outre, presque constamment compromise par une bronchite dont l'existence, à défaut de toux et d'expectoration, se révèle par du râle muqueux plus ou moins abondant et quelquefois par le nombre des inspirations. Les battements du cœur accélérés, mais sans énergie, se sentent moins à la main et donnent des bruits moins forts; le pouls, faible, petit, fréquent, mou, souvent ondulant, dénote la dépression radicale des forces; la circulation capillaire elle-même trahit les embarras qu'elle éprouve à s'accomplir, par des rougeurs diffuses qui siégent aux extrémités, sur les parties exposées à l'air ou déclives, véritables rougeurs hypostatiques qui augmenteront encore après la mort et qui semblent alors braver les lois de la vie.

La peau, sèche et rugueuse le plus souvent, ne s'ouvre que pour laisser passer une sueur visqueuse et fétide, ou pour se couvrir d'une exsudation sous-épidermique toute particulière, qu'on a désignée sous le nom de *sudamina* ; son état vital est si complètement et si profondément modifié, qu'elle ne peut quelquefois supporter l'irritation légère des vésicatoires, ou même le poids du corps, sans se gangréner : dans tous les cas, l'éruption roséoleuse dont elle est presque toujours le siége témoigne péremptoirement de sa participation au travail morbide qui s'est emparé de l'économie.

Les urines, dont l'excrétion est quelquefois complètement empêchée, sont peu abondantes, fortement colorées, denses, chargées d'acide urique, et, plus que dans aucune autre maladie, elles ont une singulière tendance à la décomposition, une fois sorties de la vessie (1). Les voies digestives sont d'un bout à l'autre le siége de troubles variés, sur lesquels nous aurons à revenir plus tard et que je ne fais qu'indiquer ici. La rate, cet organe dont les fonctions inconnues ne sauraient être appréciées, est ramollie et tuméfiée. Enfin le liquide vivant, le sang lui-même ne fournit plus qu'un caillot mou, diffluent et défibriné (2); altéré dans sa constitution, il stagne passivement dans les capillaires, s'échappe en nappe des sur-

---

(1) Alfred Becquerel, *Séméiotique des urines*, p. 244.

(2) Andral, *Hématologie*, p. 61 et suiv.

faces muqueuses, ou s'épanche sous forme d'ecchymoses dans le parenchyme des tissus.

Cette perversion si universelle de toutes les fonctions, qui fait de la fièvre typhoïde pendant toute sa durée le *morbus totius substantiæ*, dans sa plus rigoureuse exactitude, rapproche invinciblement et de prime-abord cette maladie des affections dont la symptomatologie dérive d'une intoxication généralisée, les seules qui puissent expliquer une révolution si complète et si profonde dans tous les organes et dans toutes les fonctions.

Ces considérations préliminaires, en nous révélant un des plus importants caractères de la fièvre typhoïde, circonscrivent tout d'abord le champ de nos investigations, et nous conduisent à rechercher si elle ne doit pas trouver sa place dans le groupe nosologique qui comprend les affections de cause septique ou virulente. A ne considérer même que la physionomie toute particulière de ses symptômes régulièrement développés, il semblerait presque que la question peut être tranchée dès à présent, et qu'il faut la ranger parmi les affections septiques; mais comme la virulence n'exclut point la septicité, et que les virus, suivant leur nature et leur énergie toxique, peuvent agir sur l'économie à la façon des agents les plus septiques, nous devrons réserver nos conclusions et invoquer des caractères plus précis pour les motiver.

Toutes les maladies de cause septique ou virulente, rapprochées et confondues à leur période d'état par un caractère commun, l'intoxication générale de l'économie, s'éloignent et se séparent à leur début par l'origine et la nature de l'agent toxique, et surtout par la manière dont elles réalisent chacune cet empoisonnement général qui est leur caractère générique. Ainsi, on doit distinguer étiologiquement celles produites par l'inoculation et la résorption ultérieure d'un agent venu du dehors et dont l'origine et la nature peuvent être déterminées, celles qui commencent nécessairement par une lésion locale et limitée : la résorption purulente, les piqûres anatomiques, la pourriture d'hôpital, etc., etc., qui sont des maladies purement septiques ; de celles qui consistent essentiellement en un travail spontané et primitivement général, sorte de germination virulente à laquelle concourt l'économie tout entière, et qui aboutit inévitablement à la production et à l'élimination d'un principe contagieux : la variole, la rougeole, la scarlatine chez l'homme, les maladies charbonneuses chez les animaux, qui sont toujours des maladies virulentes avec ou sans septicité (1).

Cette dichotomie étiologique permet d'élaguer d'un seul trait toutes les maladies de la première catégorie, et réduit la question à savoir si la fièvre typhoïde, comme le font présumer ses caractères généraux, peut et doit trouver place parmi celles de la seconde. Ces dernières, qui comprennent tout ce qu'on peut appeler *pyrexies virulentes*, forment un groupe très nettement limité et se distinguent entre toutes les maladies par une étiologie spéciale, par la régularité parfaite de leurs pé-

---

(1) Dans cette distinction des maladies virulentes et septiques il ne faut pas oublier que la virulence implique nécessairement la génération spontanée, et qu'elle est contingente à l'espèce animale : d'où il résulte que tel produit qui sera un virus pour certains animaux ne sera plus qu'un agent septique pour d'autres ; d'où il résulte encore que son inoculation engendrera une maladie virulente chez les premiers, et une maladie septique chez les seconds.

riodes et de leur marche, et par l'évolution régulière et
constante, pour la forme, la durée, le siége et le moment
de leur apparition, d'une série de phénomènes exclusivement propres à chacune d'elles : sorte de détermination
fixe qui se développe toujours dans un ordre invariable
et qui semble se lier à l'élaboration du principe virulent,
et avoir pour but l'élimination de ce même principe. Ces
caractères dominent toute la symptomatologie indivi-
duelle de chacune de ces affections, et donnent à leurs
manifestations phénoménales, si différentes pour la forme
et pour le danger dont elles menacent la vie, une seule et
même signification nosologique : ils sont comme le ré-
sumé de tous leurs caractères, et l'expression la plus
fidèle et la plus complète de leur nature.

Depuis les premiers travaux de MM. Petit et Serres,
depuis qu'on a fait de la fièvre caractérisée anatomiquement par la lésion des follicules muqueux de l'intestin
une individualité morbide distincte, connue aujourd'hui
sous le nom de fièvre typhoïde, on a tenté les plus grands
efforts pour déterminer les causes et fixer l'étiologie de
cette pyrexie nouvellement définie; et, après de longues
et laborieuses recherches que chacun connaît, on est
arrivé à découvrir, d'une manière certaine, que la fièvre
typhoïde à l'état sporadique se développe dans les conditions les plus diverses et les plus opposées; que rien,
ni dans les accidents du monde extérieur, ni dans les
conditions hygiéniques de l'individu, ne peut expliquer
convenablement son apparition; qu'elle atteint de préférence et presque exclusivement les jeunes sujets; qu'elle
ne frappe jamais deux fois le même individu, de façon
que l'avoir eue est le plus sûr préservatif de ne la re-
prendre jamais; et enfin, qu'autant qu'aucune affection elle
sévit sous forme épidémique. Ces données étiologiques

ont paru vaines et négatives à beaucoup d'hommes qui avaient étudié la fièvre typhoïde, certainement avec l'idée préconçue que c'était une affection localisable et de nature inflammatoire ; et ils en ont conclu, sans raison, qu'on ne savait encore rien de cette étiologie si désirée. Je dis *sans raison*, car ces notions prouvaient, non pas qu'on ne sût rien, mais seulement que ce qu'on savait de l'étiologie de la fièvre typhoïde démontrait péremptoirement que cette affection ne pouvait appartenir ni aux phlegmasies, ni aux catarrhes, ni aux affections localisées d'aucune espèce. C'est quelque chose que de savoir ce qui n'est pas la vérité, mais ce n'est pas tout ; voyons donc si dans la question qui nous occupe il n'est pas possible d'arriver à des conclusions directes et plus légitimes que celles que nous repoussons, si ces notions étiologiques si méprisées n'ont pas, au contraire, une signification claire et précise, et si elles ne s'appliquent pas d'une manière décisive à un autre ordre de maladies aussi nettement définies que les phlegmasies.

La variole, la rougeole, la scarlatine, toutes les pyrexies virulentes, quand elles surviennent spontanément, se développent aussi sans être aucunement influencées dans leur apparition par les circonstances du monde extérieur. Elles ont alors, tout le monde le reconnaît, leur raison d'être dans des conditions essentiellement et uniquement subjectives, inconnues il est vrai, mais à coup sûr indépendantes de toute saison, de toute température, de toute condition hygiénique, et c'est là un de leurs caractères étiologiques les plus tranchés que de ne reconnaître aucune cause hygiénique ou physiologique appréciable. Chacun sait aussi qu'elles ne frappent qu'une fois le même individu, et que l'organisme humain semble perdre en avançant en âge la faculté de réaliser les conditions inconnues propres à leur donner naissance. Enfin, rien n'est si commun que de les voir sévir épidémiquement. Si on dépouille toute prévention, toute idée préconçue, si on examine impartialement, il est impossible de ne pas être frappé d'une similitude étiologique si complète et si absolue, et de ne pas conclure déjà à une analogie de nature entre ces diverses affections et la fièvre typhoïde. Qu'il soit démontré maintenant que cette dernière est contagieuse au même degré et de la même façon que les premières, et certes il sera prouvé, aussi rigoureusement que possible, qu'au point de vue étiologique la fièvre typhoïde doit être placée tout à côté des pyrexies virulentes propres à l'espèce humaine.

Ceux à qui il a été donné d'observer des épidémies de fièvre typhoïde sont restés convaincus que cette affection était contagieuse dans les circonstances où ils l'observaient; et de fait, quand on lit les histoires qu'ils en ont tracées, on ne peut s'empêcher de partager leur opinion. D'où vient donc que cette doctrine a fait si peu de prosélytes, et que la majorité des médecins français se refuse encore à l'admettre? Faut-il l'attribuer à cet instinctif amour-propre qui nous porte à n'ajouter une foi entière qu'aux choses que nous avons observées nous-mêmes, et à ranger parmi les faits douteux le fruit de l'observation des autres? on serait tenté de le croire quand on considère que la plupart de ceux qui repoussent la doctrine de la contagion invoquent exclusivement leur expérience personnelle à l'appui de leur incrédulité. On ne peut cependant pas accepter une pareille fin de non-recevoir, et il faut que les faits, consciencieusement constatés, aient toutes les conséquences qu'ils doivent avoir. Or, les faits cités par MM. Bre-

tonneau (1), Gendron (2), Leuret (3), Mistler (4),
Ruef (5), etc., sont de ce nombre, et je ne vois pas trop
ce qu'on pourrait leur objecter. Ils prouvent la contagion aussi péremptoirement qu'elle puisse être prou-
vée ; et, à moins de révoquer en doute l'incontestable
exactitude d'observation de ces auteurs, on doit conclure avec eux que la fièvre typhoïde, dans les épidémies,
se propage le plus souvent par contagion, et que cette
affection, dans certaines circonstances dont il est impossible dans l'état actuel de la science de préciser les
conditions, est contagieuse.

On a fait à cette doctrine de la contagion, acceptée
par les médecins anglais, professée en France par
MM. Louis, Gaultier de Claubry, de Larroque, etc., etc.,
implicitement admise par M. Chomel, un grand nombre
d'objections que je ne peux ni relever ni discuter dans
les limites de ce mémoire, mais dont je peux dire, sans
crainte d'être démenti, qu'elles peuvent toutes s'adresser,
avec autant de raison, à la variole, à la rougeole, à la
scarlatine. J'insiste là-dessus ; car ce qui m'importe, ce
n'est pas tant de prouver la contagion que d'établir sans
réplique, qu'on doit accorder à l'une ce qu'on accorde
aux autres, qu'on doit accepter pour l'une ce que l'on
ne conteste pas pour les autres, attendu que le caractère
contagieux de toutes repose sur des faits et des raison-

---

(1) Bretonneau, *Archives gén. de méd.*, t. XXI, p. 57.

(2) Gendron, *Archives gén. de méd.*, t. XX, p. 161 et 361 ; t. XXI,
p 70.

(3) Leuret, *Archives gén. de méd.*, t. XVIII, p. 161.

(4) Mistler, *Gazette méd.*, 1834, p. 422.

(5) Ruef, *Gazette méd.* 1834, p. 257.

nements parfaitement identiques, et qu'on ne peut, sans
fausser la logique , méconnaître , en ce qui concerne la
fièvre typhoïde, des preuves qu'on trouve valables et
suffisamment probantes quand il s'agit de la variole, de
la rougeole, de la scarlatine. S'il en a été autrement
jusqu'à ce jour, si la plus grande partie du corps médical
a méconnu jusqu'à présent cette conformité de caractère
que je constate, entre ces diverses affections , c'est que
la maladie typhoïde est une maladie récente, sinon de
fait, au moins de nom, et qu'il manque à son histoire, sous
son nouveau nom, la sanction du temps, la consécration
de la controverse , et cette masse non interrompue de
témoignages qui font passer à la longue la conviction
dans tous les esprits, et qui n'ont jamais fait défaut à la
variole, à la rougeole, à la scarlatine, qui sont depuis longtemps des maladies clairement définies. Cela est si vrai
que, si ce qui s'appelle aujourd'hui fièvre typhoïde s'ap-
pelait encore fièvre putride, je n'aurais point à discuter
ici sur son caractère contagieux, que ceux qui la dési-
gnaient sous ce nom n'ont jamais mis en doute.

Considérées dans leur marche, les maladies offrent,
soit dans leur durée totale, soit dans la succession et la
durée des actes partiels dont elles se composent, certains
caractères qui sont comme les lois de leur évolution , et
dont il faut tenir compte quand on veut les classer avec
leurs analogues et les séparer des autres. Livrée à elle-
même et libre de suivre son cours sans être influencée
par une thérapeutique active, la fièvre typhoïde, lors-
qu'elle se termine heureusement, emploie d'habitude un
nombre à peu près fixe de jours à parcourir ses phases
diverses, quelles que soient, du reste, les conditions
dans lesquelles elle se développe et la forme secondaire
qu'elle revête. Cette évolution naturelle en un temps dé-

terminé est déjà un fait digne de remarque ; mais ce qui l'est bien plus, c'est que les traitements les plus énergiques ne changent rien ou presque rien à cette marche, et que la maladie poursuit invariablement son cours jusqu'au vingt-cinquième ou trentième jour, en dépit de toute thérapeutique. Il n'y a plus aujourd'hui que M. Bouillaud qui puisse croire à la possibilité de juguler la fièvre typhoïde comme la pneumonie ; tous ceux que n'aveugle pas une idée préconçue ou la nécessité de pourvoir aux besoins d'une doctrine trop absolue, admettent maintenant que la fièvre typhoïde a une durée en quelque sorte fatale, qui résiste à tous les traitements et qui lui constitue un de ses caractères les plus essentiels. Les recherches faites pour déterminer la valeur de chacun des traitements préconisés contre elle, ont, du reste, mis cette vérité en dehors de toute contestation ; seulement, comme le passage de l'état fébrile à la convalescence se fait lentement et par une insensible décroissance, comme le retour à la santé est souvent retardé par des complications, on ne peut fixer à cette durée une limite précise et on en est réduit à constater d'une manière générale qu'elle dépasse constamment le vingtième jour. Quant aux périodes successives de la maladie, on peut dire qu'elles se succèdent dans un ordre constant, sans interversion et presque rigoureusement à époque fixe : les symptômes inflammatoires marquent le début, la prostration et l'adynamie surviennent du sixième au douzième jour, les sueurs et les autres signes d'épanouissement périphérique du quinzième au vingtième, et la convalescence, quand elle doit venir, s'établit franchement du vingtième au vingt-cinquième, à moins que des accidents, comme des escharres et la suppuration qui les accompagne, triste héritage de la période adynamique, ne lui fassent obstacle, ne retardent ou compromettent l'heureuse issue de la maladie.

Il ressort de cette appréciation des lois qui président à l'évolution de la fièvre typhoïde que cette maladie s'éloigne radicalement des affections de nature inflammatoire, catarrhale ou rhumatismale, dont l'évolution irrégulière et indéterminée tantôt avorte sous l'influence d'une médication énergique ou par une délitescence spontanée, tantôt se prolonge indéfiniment sous la forme chronique ; et qu'elle se confond au contraire, par ce caractère de premier ordre, avec les maladies fébriles de nature virulente, dont la durée est fixe, invariable, fatale aussi, et se divise en périodes distinctes. On objectera peut-être que dans les exanthèmes virulents la durée totale est mieux limitée, et la division en périodes plus nettement tranchée que dans la fièvre typhoïde : j'aurai occasion plus loin, en parlant de la lésion intestinale, de répondre plus catégoriquement à cette objection que je signale d'avance ; ici je ne puis que faire remarquer que la durée et la distinction des périodes dans ces affections sont surtout et presque exclusivement déterminées par le travail éruptif qui se passe sous nos yeux, et dont nous pouvons apprécier exactement la durée et les phases diverses, tandis que cette ressource nous manque complètement dans la fièvre typhoïde, qui accomplit, elle, sur les muqueuses et loin de nos regards, les actes qui, chez elle, correspondent à l'éruption des fièvres virulentes exanthématiques.

Certains phénomènes des maladies fébriles virulentes empruntent au principe morbigène dont ils procèdent un cachet particulier et des allures spéciales, si bien que, considérés dans leurs rapports avec l'unité morbide dont ils ne sont qu'un symptôme, ou isolément et abstraction

faite de la virulence, ils ont une physionomie et une
valeur toutes différentes; je veux parler de ces déterminations morbides fixes dans leur siége, leur forme et
leur durée, qui sont comme la manifestation extérieure,
sensible et palpable du travail mystérieux accompli dans
les profondeurs de l'organisme : étudiés, sans préoccu-
pation de leur origine et de leur cause, ils représentent
dans les maladies exanthématiques une inflammation
érythémateuse, vésiculeuse ou pustuleuse de la peau;
dans les affections charbonneuses des animaux, une inflammation gangréneuse de la peau et du tissu cellulaire,
et rien de plus; mais étudiés au point de vue du rôle
qu'ils remplissent dans le drame morbide dont ils font
partie, étudiés comme corollaire obligé et nécessaire de
l'élaboration virulente, dont l'économie entière est tout
à la fois le siége et l'agent, ils apparaissent comme une
tendance de l'organisme à concentrer par la fluxion sur
un point du corps, ou le trouble fonctionnel qui l'agite
tout entier, ou le produit virulent qui résulte du travail
de toute la matière vivante; ils apparaissent, en un mot,
ou comme un mouvement critique, ou comme un *nisus*
dépuratoire (1). Toutes les maladies fébriles virulentes,

---

(1) Si quelquefois on voit des accidents locaux analogues, pour la
forme, à la détermination morbide dont nous parlons ici, se produire primitivement (pustule maligne), c'est qu'alors ils sont le résultat de l'inoculation et non point du développement régulier, normal et spontané de
la maladie virulente. Cette détermination morbide dans l'évolution régulière de la maladie paraît être le dernier terme du travail viruligène qui
occupe toute l'économie, mais non pas son siége exclusif et limité ; car le
fait de la virulence du sang et des autres humeurs dans les cas d'extrême
énergie du virus, comme dans les maladies charbonneuses ou la peste,
avant l'apparition des tumeurs charbonneuses ou des bubons, prouve pé-

et c'est là peut-être leur caractère le plus saillant, celui qui les distingue le plus particulièrement de toute autre classe d'affections, présentent sous une forme ou sous une autre ces phénomènes de détermination fixe, phénomènes toujours reconnaissables à l'invariabilité absolue de leur siége, de leur forme, de leur durée ou de leur évolution, toujours indissolublement liés à un mouvement fébrile survenu spontanément ou par contagion. Si la fièvre typhoïde est une fièvre virulente, elle doit donc aussi fournir ce caractère de genre, ce signe de race.

Depuis que la fièvre typhoïde a été révélée par MM. Petit et Serres, un grand nombre d'auteurs ont cherché à pénétrer sur le cadavre le secret de sa nature. Ces recherches anatomo-pathologiques, exécutées par des hommes animés d'opinions diverses et souvent rivales, se contrôlant les unes les autres, n'ont pas toujours répondu aux désirs de leurs auteurs ; mais elles ont montré quelles étaient les lésions exclusivement propres à la fièvre typhoïde, et prouvé jusqu'à la plus complète évi-

---

remptoirement ce que la préexistence de la fièvre pouvait faire prévoir, à savoir que le virus est le produit d'une sorte de germination, de fermentation comme disaient les anciens, qui a l'économie entière pour siége et agent. Je n'accepte pas les objections qu'on pourrait me faire ici en invoquant la rage et la syphilis, car ce sont là des virus particuliers qui ont leurs lois particulières. En effet, la syphilis, même chez l'homme, ne se développe jamais spontanément ; elle se gagne toujours par inoculation, et elle a une durée illimitée. La rage, chez les espèces qui la contractent et ne la produisent pas spontanément, ne se transmet pas, et transmise du chien à l'homme elle affecte quelquefois une incubation qui en fait un virus fort singulier et certainement unique. Enfin, l'une et l'autre se développent sans le concours de la fièvre.

dence que ces lésions avaient leur siége dans l'abdomen
et presque uniquement dans le tube digestif; les autres
cavités splanchniques, à moins de complications excep-
tionnelles et rares, ne présentant jamais d'altérations de
quelque valeur, il serait superflu de décrire minutieuse-
ment ici ces lésions, que chacun connaît; ce qui importe,
c'est de démontrer qu'elles ont les mêmes caractères, et
partant la même signification pathologique que les déterminations exanthématiques des fièvres éruptives, et
qu'elles jouent, dans l'affection typhoïde, le même rôle
que l'éruption dans la variole, la rougeole, etc.

Il n'est pas très rare de trouver la muqueuse digestive
entièrement saine d'un bout à l'autre, excepté toutefois
au niveau des follicules : l'intestin ouvert, lavé et étalé,
présente alors une série de rougeurs saillantes ou d'ulcérations disséminées çà et là au siége des follicules, séparées et très exactement délimitées par une muqueuse
de couleur, d'épaisseur et de consistance naturelles. Ce
sont comme des îlots, qui tranchent si vivement et si
nettement sur la surface uniforme et normale de l'intestin, qu'on les dirait produits par l'action d'un timbre
ou d'un emporte-pièce. Mais, il faut le reconnaître, ces
cas constituent l'exception, et le plus souvent la muqueuse
digestive, presque toujours intacte dans l'estomac, dans
la partie supérieure de l'intestin grêle et dans le gros intestin, présente aux approches de la valvule iléo-cœcale,
dans les intervalles qui séparent les follicules malades, un
aspect très différent de celui de son état normal : elle est
sillonnée en tout sens de vaisseaux sous-muqueux assez
gros, quelquefois en très grand nombre, imbriqués de
mille façons et rappelant exactement, par leur disposition
et leur aspect général, les vaisseaux sous-conjonctivaux

de certaines ophthalmies (1); sans être ramollie, elle semble cependant avoir un peu perdu de sa consistance ; mais quelque altérée, sous ce rapport, qu'elle puisse paraître, comparée à celle qui recouvre les follicules, elle en diffère toujours considérablement et semble appartenir à un autre système. Ainsi, avec des pinces à disséquer, on peut la saisir et en arracher des lambeaux assez grands, tandis que sur les plaques on ne saisit jamais rien qu'un tissu sans résistance qui ne laisse entre les mords de la pince qu'une bouillie sanglante. Un instrument mousse, promené perpendiculairement sur la surface intestinale, trace sans effort un profond sillon sur les plaques altérées ; mais, arrivé à leur circonférence, il est toujours arrêté par la muqueuse qui reprend brusquement sa consistance. En un mot, les modifications qu'a subies la muqueuse interfolliculaire sont de telle nature qu'on en doit conclure, non pas qu'elle est ou qu'elle a été enflammée, mais seulement qu'elle est située au voisinage immédiat de tissus violemment phlogosés. Ce qui confirmerait au besoin cette assertion, suffisamment justifiée par l'inspection directe des parties, c'est de voir l'injection sous-muqueuse, quand elle existe, croître aux approches de la valvule ilio-cœcale, dans la mesure de l'intensité ou de l'ancienneté de la lésion folliculeuse. Donc il est bien certain et bien démontré que la lésion caractéristique de la fièvre typhoïde, que son signe anatomique a pour siége invariable et unique, dans l'intestin, les follicules muqueux, et non la muqueuse elle-même.

---

(1) Il est certaines rougeurs mates, diffuses, marbrées, évidemment hypostatiques, qui se reproduisent de distance en distance, qui correspondent aux portions déclives des anses intestinales, et qu'il ne faut pas confondre avec les rougeurs inflammatoires.

Il a été impossible jusqu'à présent d'assister aux débuts de la lésion folliculeuse, et d'apprécier *de visu* la manière dont elle se comporte du commencement de la maladie au sixième ou au septième jour. A cette époque les follicules isolés et agminés dont le siége, à l'état normal, est si difficile à déterminer, apparaissent sous forme de saillies acuminées ou de plaques rouges, champignonnées, lisses et sans ulcérations, formant sur la surface de l'intestin un relief considérable qui atteint quelquefois jusqu'à trois lignes de hauteur. Les saillies en plaques incisées dans toute leur épaisseur, on reconnaît facilement sur la surface de section que la muqueuse a conservé son épaisseur naturelle et que le gonflement est produit uniquement par la tuméfaction du tissu cellulaire sous-jacent, et souvent par la présence d'une matière blanche, nouvelle, qui, étalée ici comme une doublure, se retrouve également, mais sous forme de cônes, dans les follicules de Brunner. On trouve souvent aussi la surface lisse des plaques comme marbrée d'une multitude de petites taches blanches qui disparaissent sous l'action du jet d'eau ou par un lavage prolongé, pour laisser à leur place autant d'ulcérations à bords coupés à pic et intéressant toute l'épaisseur de la muqueuse. Ainsi artificiellement transformées, ces plaques représentent avec la plus grande exactitude les plaques qui commencent à s'ulcérer ; si bien qu'il est impossible de ne pas admettre que le pointillé blanc précède immédiatement l'ulcération, et que ce qui s'est produit sous le jet d'eau se serait infailliblement accompli tout naturellement si l'existence du sujet eût été prolongée de quelques jours. Ces petits points blancs qui précèdent l'ulcération représentent-ils les orifices folliculaires agrandis par un commencement d'ulcération, et remplis de cette matière blanche étendue sous la muqueuse, ou des portions mortifiées de la muqueuse elle-même? C'est ce qu'on ne saurait démêler d'une manière certaine, à cause de la ténuité des parties; mais ce qui est certain, c'est que, une fois établies, ces ulcérations pointillées vont en s'agrandissant toujours jusqu'à ce qu'elles se rencontrent, et qu'au bout de quelques jours les plaques de Peyer, au lieu d'une surface muqueuse continue, ne présentent plus que des ulcérations plus ou moins larges, séparées par des brides ou des lambeaux de muqueuse décollée. C'est alors en petit, pour la muqueuse et le tissu folliculaire sous-muqueux, exactement le même aspect que celui que présentent la peau et le tissu cellulaire sous-cutané après le phlegmon diffus (érysipèle phlegmoneux). Que conclure de tout ceci, sinon que les follicules sont le siége unique de la lésion, et que la muqueuse, même celle qui les couvre immédiatement, ne s'affecte que consécutivement, comme ferait la peau dans l'inflammation gangréneuse du tissu cellulaire sous-cutané?

Mais qu'est-ce que cette lésion? est-ce une inflammation simple et ordinaire? comment se développe-t-elle? quels sont ses rapports avec les symptômes généraux de la maladie? C'est là ce qui nous reste à étudier. C'est ici le lieu d'examiner la lésion des ganglions mésentériques, lésion qui complète celle des follicules de l'intestin et qui constitue avec elle le signe anatomique de la fièvre typhoïde. On ne peut pas séparer ces deux altérations, ni les étudier l'une sans l'autre; car elles commencent ensemble, se développent parallèlement, et tout démontre qu'elles sont liées par d'étroites et intimes connexions: elles sont aussi constantes l'une que l'autre, et elles se correspondent toujours très exactement; là où on trouve des follicules malades, on est sûr de trouver en regard des ganglions mésentériques engorgés : ce sont deux lésions qui n'en forment véritablement qu'une, tant elles sont nécessaires l'une à l'autre. Il ne saurait y avoir la moindre dissidence sur la manière dont il faut comprendre leur corrélation ; évidemment ici, comme partout où l'on voit des ganglions lymphatiques s'engorger à la suite de lésions situées sur le trajet de leurs vaisseaux afférents, la lésion mésentérique est la conséquence indispensable et légitime de la lésion folliculeuse de l'intestin. Ceci bien entendu, on voit immédiatement quel caractère et quelle signification la lésion primitive et génératrice emprunte à la lésion secondaire qu'elle engendre : jamais, en effet, les phlegmasies franches et de bonne nature ne produisent des engorgements lymphatiques de l'espèce et de la gravité de ceux qu'on observe dans ce cas ; jamais elles ne déterminent le ramollissement pultacé, et encore moins la suppuration, qui sont la règle commune ici ; tout au plus produisent-elles, et par exception, des intumescences légères, sans modification des tissus, et qui disparaissent avec la plus grande facilité avec l'inflammation qui les a provoquées. Pour que la lésion folliculeuse de l'intestin produise de semblables désordres dans les ganglions lymphatiques, il faut donc qu'elle soit autre chose qu'une de ces phlegmasies simples, dont les effets, quelque énergiques qu'on les suppose, ne peuvent s'élever à ce degré de puissance. Pour comprendre qu'elle détermine dans les ganglions qui sont dans sa sphère d'action de pareilles lésions de tissus, il faut donc admettre que les vaisseaux afférents des glandes mésentériques ont puisé dans les follicules d'où ils émanent autre chose que des liquides physiologiques ; il faut admettre, en un mot, et de toute nécessité, qu'il y a eu résorption de matières septiques ou virulentes : car ces matières seules ont le triste privilége de produire dans les glandes lymphatiques, quand elles y sont apportées par la résorption, d'aussi graves altérations. Mais ces matières, dont l'existence est ainsi physiologiquement démontrée par le fait même du *bubon mésentérique* de la fièvre typhoïde, quelles sont-elles et d'où viennent-elles? Evidemment ce n'est ni le pus ni le détritus gangréneux fournis par les follicules intestinaux, car les glandes s'engorgent toujours et suppurent souvent bien avant que les follicules s'ulcèrent, bien avant qu'il y ait un seul globule de pus de sécrété, bien avant qu'on puisse admettre l'existence de la gangrène même interstitielle ou ulcérative. Le pus et la gangrène mis hors de cause, on est invinciblement conduit à conclure que ces matières ne sont autre chose que la sécrétion folliculeuse elle-même, altérée et viciée, que son enchatonnement dans le follicule livre sans résistance à la résorption.

Cette viciation primitive de la sécrétion folliculaire admise, on comprend immédiatement et la délimitation si exacte de la lésion intestinale, et le mauvais caractère avec tendance à l'ulcération qu'elle montre toujours. En effet, le follicule étant le siége primitif et unique de la lésion fonctionnelle, il est tout naturel qu'il devienne le siége et la seule victime de la lésion de tissus qui en est la conséquence : la viciation de sécrétion précédant et provoquant l'inflammation, il est tout simple que cette inflammation, déterminée par l'exagération des forces sécrétoires et par la présence dans la cavité de l'organe d'un produit inaccoutumé et singulièrement irritant, affecte les allures qu'on lui voit, qu'elle débute par le follicule pour envahir ensuite la muqueuse, et que, en raison de sa cause spéciale et de l'étranglement qui en est la suite, elle confonde bientôt tout, muqueuses et follicules, dans une même ulcération. Cette manière de comprendre et d'expliquer la lésion entéro-mésentérique de la fièvre typhoïde, quoique fondée sur des considérations formulées *à posteriori*, est parfaitement logique et se trouve marquée d'un cachet d'évidence qui la rend inattaquable. Toutefois, et pour rendre la démonstration aussi complète que possible, je rappellerai qu'il y a d'autres preuves, sinon plus décisives, du moins plus directes, de cette viciation de la sécrétion folliculaire : ainsi la présence dans les follicules de cette matière anormale blanche signalée par tous les auteurs, ainsi la diarrhée et la fétidité toute particulière des selles qui sont des symptômes nécessaires de la maladie, ne sont-elles pas la manifestation sensible et palpable de cette viciation sécrétoire que démontre péremptoirement l'enquête anatomo-physiologique à laquelle je viens de me livrer?

L'inflammation ou l'ulcération des follicules, l'engorgement ou le *bubon* mésentérique, ne sont donc, à vrai dire, que la conséquence et la manifestation d'une lésion fonctionnelle antérieure, toujours identique, qui représente la forme réelle et primitive de la lésion de tissu entéro-mésentérique.

De ce qui précède nous pouvons déjà conclure : 1° que la lésion caractéristique de la fièvre typhoïde a un siége limité et invariable : les follicules intestinaux, et consécutivement les ganglions mésentériques ; 2° qu'elle a une forme constante et non moins invariable : la sécrétion par les follicules d'une matière anormale, excrémentielle et critique, et consécutivement l'inflammation

et l'ulcération des follicules et l'engorgement des glandes lymphatiques du mésentère.

La lésion folliculeuse, dont nous venons d'analyser
l'évolution dans chaque follicule en particulier, suit,
dans son développement général, des lois aujourd'hui
parfaitement connues; elle commence par les follicules
les plus rapprochés de la valvule iléo-cœcale, et envahit
successivement les autres de bas en haut en remontant
de la fin de l'intestin grêle vers l'estomac, sans jamais
dévier. Cette invariable manière de procéder est un des
caractères les plus essentiels et les plus constants de ce
que nous avons appelé la détermination exanthéma-
tique des pyrexies virulentes éruptives, qui commence
toujours par la tête pour continuer par le tronc et finir
par les membres; à ce point que les pustules de la face,
dans la variole, sont toujours de deux jours au moins
plus avancées que celles des pieds et des mains. Ce mode
de développement, qu'on ne peut contester à la lésion
dothinentérique, la distingue péremptoirement des inflammations locales primitives, qui débutent tantôt ici,
tantôt là, suivant que la cause occasionnelle a frappé ici
où là, suivant que les tissus d'un même organe sont plus
susceptibles en haut ou en bas, à droite ou à gauche.
Il prouve positivement que cette lésion est subordonnée
dans son apparition à des actes organiques préexistants
et immuables, et qu'elle est un des effets et non une des
causes du travail qui s'accomplit à ce moment au sein
de l'organisme.

En ce qui concerne sa durée, outre qu'elle ne se
produit pas sous les yeux de manière à ce qu'on puisse
en marquer exactement le commencement et la fin, il
faut se rappeler qu'elle ne tarde pas à engendrer l'ulcération des follicules et à se substituer ainsi à elle-même

une véritable complication, dont la durée, à supposer qu'on puisse la déterminer, ne donnerait pas la mesure de la sienne propre. Il se passe constamment ici ce qui arrive quelquefois à l'éruption varioleuse quand elle a été confluente, qu'elle a altéré le derme un peu plus profondément que d'habitude, et que la chute des croûtes, après s'être fait attendre, laisse après elle des ulcérations dont la réparation se fait en un temps indéterminé. Mais cette fixité dans la durée qu'on ne peut constater *de visu*, et aussi à cause de la nature particulière de la lésion, on peut, sinon lui assigner un nombre déterminé de jours, au moins s'assurer qu'elle existe par le raisonnement et l'induction. En effet, les follicules, examinés avant la substitution de l'ulcère à la viciation sécrétoire, présentent constamment le même aspect à des jours donnés de la maladie; or on sait que c'est le propre de tous les actes organiques, dont la durée est fatale, de se présenter constamment sous la même forme à chacune des périodes distinctes de leur vie, de s'offrir toujours identiques chez les divers sujets, pourvu qu'on les prenne au même âge.

Il est certainement impossible de dire où et comment s'élaborent les virus, de savoir s'ils préexistent dans le sang et les humeurs, ou s'ils se produisent de toutes pièces au siége et par le fait des déterminations fixes; mais ce qui est infiniment probable, pour ne pas dire certain, c'est que ces déterminations fixes sont destinées, au moins en partie, à les porter au dehors et à débarrasser l'économie du produit de son travail *viruligène*. A ce titre et en raison de la fonction temporaire qui leur est dévolue, les déterminations fixes ne peuvent donc siéger que sur les surfaces ou dans les organes voués au rôle d'émonctoire : aussi est-ce bien ainsi que les choses se passent,

et la fièvre typhoïde, en choisissant les follicules intestinaux que leur situation à la fin de l'intestin grêle semble
destiner spécialement à une sécrétion excrémentielle, ne
manque pas de se conformer à cette loi ; d'un autre côté,
et pour que l'analogie soit encore plus complète, elle
semble, par ses *sudamina* et ses taches lenticulaires,
demander à la peau d'aider à la dépuration intestinale,
se conduisant en cela absolument comme la scarlatine,
la rougeole et la variole (1) qui, ayant leur détermination
fixe principale à la peau, la complètent par l'inflammation spécifique de la muqueuse pharyngienne ou respi-
ratoire. Enfin, toutes ces déterminations fixes, si différentes de forme quand elles ont acquis tout leur développement, pourraient bien, au début, n'en avoir qu'une
seule, et même n'être alors toutes qu'une sécrétion
imperceptible, provoquant bientôt par la présence de
son produit une inflammation spéciale et de la forme
que nous voyons à chacune d'elles : c'est là, sans doute,
une pure hypothèse, mais on avouera au moins qu'elle
n'est ni très téméraire ni dénuée de tout fondement.

Etudiée uniquement en elle-même et au point de vue
des lois qui la régissent dans son développement particulier, la lésion entéro-mésentérique vient de nous montrer avec la plus rigoureuse évidence qu'elle est, comme
acte morbide et comme lésion de tissus, complètement
semblable aux déterminations fixes des pyrexies virulentes. Il nous reste maintenant à l'examiner dans ses

---

(1) On sait qu'il n'est pas rare de trouver dans la variole les plaques
de Peyer plus apparentes qu'à l'état normal : serait-ce que la variole
compléterait son éruption par une fluxion folliculeuse de même siége et
de même forme que celle de la fièvre typhoïde ?

rapports avec les symptômes généraux de la maladie, et
à voir si elle remplit dans l'unité pathologique, dont elle
n'est qu'une partie, le rôle assigné dans les affections
virulentes à leurs démonstrations localisées. Ces démonstrations sont, comme la fièvre dans les inflammations,
comme la sécrétion dans les catarrhes, la manifestation
extérieure d'un travail dont l'ensemble et les détails se
dérobent à nos sens ; elles sont un effet dont on ne par-
vient à saisir le sens et la valeur qu'en le faisant dériver
de ce travail antérieur et caché qui a allumé la fièvre et
empoisonné le sang. Elles sont un effet et même un effet
heureux et nécessaire de cette cause première ; car,
depuis Sydenham, on a signalé comme éminemment dan-
gereuses et souvent mortelles les rougeoles, les varioles,
les scarlatines dont l'éruption hâtive ou retardée se mon-
trait péniblement ou avec des aspects inaccoutumés ; l'é-
ruption défectueuse étant considérée, dans ces cas, non
pas comme dangereuse en elle-même, mais comme le signe
d'un péril caché dans les profondeurs de l'organisme et
provenant d'un défaut d'élimination et d'expansion périphérique. Malheureusement cet effet, en nous révélant
la nature de sa cause et l'origine secrète de laquelle il
procède, ne fait qu'indiquer le danger et n'en donne
jamais la mesure ; aussi voyons-nous assez souvent des
pyrexies virulentes peu intenses, à ne considérer que
leurs signes extérieurs, enlever des sujets avec une rapidité et un imprévu qui frappent d'étourdissement, et
qu'on ne pourrait comprendre si on ne se rappelait que
la manifestation éruptive n'est ici qu'un symptôme et
n'est pas la cause absolue et directe de la catastrophe.
Cet effet, il est vrai, peut devenir cause à son tour et,
quand il a acquis une intensité considérable, créer par
la sécrétion qu'il suscite, ou par les lésions de tissus qu'il

amène, des dangers d'un autre ordre à l'économie, comme cela arrive dans les varioles confluentes. C'est par ce double caractère, qui fait d'elles tour à tour un effet et une cause, que les déterminations fixes des maladies virulentes se distinguent péremptoirement des inflammations primitives ou de cause externe ; c'est avec ce double rôle qu'elles interviennent dans l'ensemble qui constitue l'individualité morbide ; c'est par ces deux faces qu'il faut successivement les envisager, pour comprendre tous leurs rapports avec les symptômes généraux de la maladie.

Ce double caractère, ce double rôle que personne ne conteste aux éruptions de la variole, de la rougeole et de la scarlatine, la lésion entéro-mésentérique les possède tous incontestablement. Cette lésion, dont la viciation sécrétoire, l'inflammation et l'ulcération des follicules constituent les diverses phases, étant soustraite à nos investigations dans son début, nul ne saurait dire à quel jour précis de la maladie elle commence; mais ce que l'observation directe se refuse à révéler, l'induction peut le dire. Or, de deux choses l'une : ou la lésion entéro-mésentérique a la signification que je revendique pour elle, ou il faut la considérer comme la cause et le point de départ des symptômes généraux et de la mort quand elle arrive. Réduite à ces termes, la question n'est plus litigieuse. Peut-on concevoir, en effet, qu'une lésion aussi insignifiante, aussi légère, qui ne frappe que des parties dont l'intégrité n'est pas immédiatement nécessaire au maintien de la vie, puisse si souvent causer la mort, alors qu'on voit dans la diarrhée chronique, dans la tuberculisation abdominale, des ulcérations muqueuses aussi étendues et aussi nombreuses se perpétuer pendant des mois et des années sans compromettre directement la vie ? Quoiqu'on fasse la part de l'état aigu et qu'on tienne compte de la rapidité plus périlleuse avec laquelle se développent les ulcérations typhoïdes, il est impossible d'attribuer à ces lésions, en les supposant primordiales, de si promptes et si mortelles conséquences. Enfin, comment établir la filiation des lésions de tissus aux symptômes ? comment remonter des unes aux autres ? quelles sympathies chimériques invoquer pour expliquer qu'une lésion si bornée puisse engendrer de si formidables symptômes et provoquer une réaction si universelle, qu'il semble que pas une fonction soit épargnée ? comment surtout faire dériver les troubles si constants et si profonds du système nerveux, des altérations du tube digestif ?

Et toutes ces anomalies, toutes ces difficultés, qui sont des obstacles insurmontables à l'hypothèse qui ferait de l'inflammation simple et primitive des follicules intestinaux le point de départ et la cause de la symptomatologie de la fièvre typhoïde, sont au contraire des arguments décisifs en faveur de la doctrine qui veut que la lésion folliculeuse soit un effet dérivant de la *virulence* et procédant de l'intoxication du sang et du besoin de dépuration qu'éprouve l'organisme : rangée parmi les symptômes et non plus parmi leurs causes, assimilée aux éruptions virulentes et non aux inflammations primitives, la lésion entéro-mésentérique devient aussitôt le fait le plus naturel, et elle perd ce cachet de singularité qui la rendait incompréhensible auparavant. Les symptômes nerveux et le trouble si manifeste de toutes les fonctions, attribués à leur unique et vraie cause, à la *virulence* et à l'adultération des humeurs, tout s'enchaîne à merveille ; et cette maladie typhoïde, composée tout à l'heure d'éléments si divers et si disparates, devient une affection clairement et nettement définie, dont tous les éléments, ainsi restitués à leur véritable place et à leur véritable rôle, composent un tout harmonique et parfaitement intelligible.

La forme inflammatoire qu'affecte presque constamment la fièvre typhoïde au début, alors que l'inflammation folliculeuse s'ajoute à la perversion sécrétoire, la confluence de la lésion intestinale qu'on rencontre surtout chez les sujets qui ont succombé à la forme inflammatoire, la longueur de certaines convalescences, et le trouble des fonctions digestives qui se prolonge quelquefois si longtemps après la disparition de l'état fébrile, probablement à cause de la restauration des ulcères, montrent que la seconde partie de la proposition est aussi vraie que la première, et que la lésion entéro-mésentérique, bien qu'elle soit un effet, peut devenir, dans certaines conditions, la cause directe d'accidents et de complications.

L'invincible tendance qui nous pousse invinciblement à remonter de l'anatomie pathologique aux symptômes dans nos explications, et à rechercher toujours la cause des lésions fonctionnelles dans les lésions de tissus, a pu seule nous faire dénier, jusqu'à ce jour, à cette lésion caractéristique de la fièvre typhoïde ce double caractère qui en fait une détermination fixe, et nous la faire confondre avec les phlegmasies simples.

Avant de conclure et pour résumer la discussion, nous dirons donc maintenant : La maladie caractérisée anatomiquement par la lésion dite dothinentérique de l'intestin et des glandes du mésentère, est une maladie générale pendant toute sa durée ; elle se développe spontanément sans cause appréciable, ou par contagion ; elle frappe de préférence les jeunes sujets, et ne les frappe qu'une fois; elle a une durée à peu près fatale, qui se partage en périodes distinctes : ses signes anatomiques, constants pour le siége, la forme et la durée, se développent à jour fixe et d'après un ordre invariable; ils suivent et ne précèdent jamais la réaction fébrile, ce qui leur constitue tous les caractères des déterminations fixes des pyrexies virulentes.

Quant aux conclusions, elles découlent d'elles-mêmes et peuvent se formuler ainsi :

1º La pyrexie caractérisée anatomiquement par la lésion dite dothinentérique des follicules intestinaux et des glandes mésentériques, est une maladie parfaitement définie et distincte : elle seule mérite la dénomination de fièvre typhoïde;

2º La fièvre typhoïde présente tous les caractères des pyrexies virulentes, et elle ne présente que ceux-là ;

3º Elle est elle-même une pyrexie virulente qui a cela de propre et de distinctif qu'elle se juge par la surface muqueuse et les follicules intestinaux, tandis que les autres affections de même nature se jugent par la peau;

4º Elle doit, dans la classification des espèces morbides propres à l'homme, être placée tout à côté de la scarlatine, de la variole, de la rougeole.

Ces conclusions ressortent clairement et naturellement de la discussion qui précède; leur forme absolue et rigoureuse n'est que l'expression exacte de la vérité : néanmoins je ne me dissimule pas qu'elles rencontreront des contradicteurs, car elles s'attaquent à des idées qui règnent encore dans beaucoup d'esprits, à des convictions qui attribuent à la fièvre typhoïde une tout autre nature, et partant une tout autre place dans la nosologie; mais si fortes et si vivaces que soient ces idées et ces convictions, je suis convaincu qu'elles céderont, avec le temps, à une impartiale réflexion et qu'elles se rangeront du côté des vérités que je proclame.

Sans doute il manque à ce long plaidoyer le corps du délit, c'est-à-dire la démonstration directe par la vue et le toucher du virus typhoïde ; mais de ce qu'on ne peut voir ni toucher ce virus, on ne saurait en conclure qu'il n'existe pas , car les virus sont de leur nature essentiellement invisibles et impondérables, et ne peuvent se retrouver au fond d'un creuset comme quelques atomes d'arsenic : ils défient toute tentative qui voudrait les isoler pour les montrer sous leurs formes matérielles , et la preuve de leur existence comme matière se tire non du témoignage direct des sens , mais de l'appréciation raisonnée des lois qui président à l'évolution des phénomènes des maladies virulentes. C'est là, sans doute, une regrettable lacune, que le perfectionnement de nos moyens d'investigation comblera peut-être plus tard, mais dont on ne peut, en attendant, se prévaloir contre ma démonstration ; car l'argument s'appliquerait avec tout autant de rigueur à la variole , à la rougeole , dont cependant personne ne conteste plus la virulence. Mon argumentation s'appuie sur des principes qui servent de base , de l'aveu de tout le monde , à la classification des maladies ; je puis donc espérer qu'elle ne soulèvera aucune objection sérieuse, et que ma conviction passera dans tous les esprits.

Maintenant, avant de terminer, est-il besoin de faire remarquer que cette dissertation n'est point une spéculation de pure curiosité, qu'elle renferme au contraire les germes d'idées pratiques d'une haute importance, qu'elle peut et qu'elle doit éclairer d'un jour nouveau la thérapeutique de la fièvre typhoïde et conduire à substituer à l'anarchie, qui a toujours régné dans